Shabana Shaikh

Introdução à tecnologia das pilhas de combustível

Shabana Shaikh

Introdução à tecnologia das pilhas de combustível

ScienciaScripts

Imprint
Any brand names and product names mentioned in this book are subject to trademark, brand or patent protection and are trademarks or registered trademarks of their respective holders. The use of brand names, product names, common names, trade names, product descriptions etc. even without a particular marking in this work is in no way to be construed to mean that such names may be regarded as unrestricted in respect of trademark and brand protection legislation and could thus be used by anyone.

Cover image: www.ingimage.com

This book is a translation from the original published under ISBN 978-3-659-44597-2.

Publisher:
Sciencia Scripts
is a trademark of
Dodo Books Indian Ocean Ltd. and OmniScriptum S.R.L publishing group

120 High Road, East Finchley, London, N2 9ED, United Kingdom
Str. Armeneasca 28/1, office 1, Chisinau MD-2012, Republic of Moldova, Europe
Printed at: see last page
ISBN: 978-620-7-66398-9

Índice:

Capítulo 1   3

Capítulo 2   5

Capítulo 3   8

Capítulo 4   9

Capítulo 5   15

Capítulo 6   28

Capítulo 7   34

Capítulo 8   36

Capítulo 9   38

Capítulo 10   39

"O presente trabalho está relacionado com a síntese e caraterização de material anódico para Células de Combustível de Óxido Sólido. Assim, uma breve introdução sobre estes aspectos da Célula de Combustível de Óxido Sólido foi imperativamente descrita e este capítulo guiou o autor a empreender este trabalho"

Capítulo 1

I.A: INTRODUÇÃO

A grande procura de energia exigida pelo desenvolvimento industrial traz sérios problemas económicos e ambientais. Por um lado, estas são fortes forças motrizes para encontrar novos processos de produção de energia capazes de explorar matérias-primas alternativas às convencionais. Por outro lado, a utilização de combustíveis fósseis tradicionalmente empregues nos processos de produção de energia deve ser racionalizada, a fim de alcançar uma maior eficiência para esses processos. Para este efeito, as células alimentadas a hidrogénio estão a tornar-se uma opção fiável aos motores de combustão interna em aplicações para veículos, devido à sua maior eficiência potencial de produção de energia e ao seu impacto ambiental praticamente nulo[1]. O mundo já tomou nota da crise dos combustíveis. Até ao final da próxima década[2], será extremamente difícil para um homem comum obter a energia necessária a partir de combustíveis fósseis. Os combustíveis necessários para a produção de energia estão a esgotar-se rapidamente. De acordo com vários estudos, os combustíveis fósseis só estarão disponíveis durante mais algumas décadas. Uma vez que os combustíveis fósseis têm sido a fonte básica de energia, é urgente encontrar uma fonte de energia alternativa, renovável e fiável.

Os combustíveis fósseis apresentam certas desvantagens que, até à data, têm sido ignoradas devido à indisponibilidade de fontes alternativas. Quando o combustível fóssil é queimado, são emitidos gases venenosos que podem causar perigo a todos os organismos vivos. Contribuiu também para o chamado "fenómeno do aquecimento global". A investigação sobre o aumento da eficiência dos actuais dispositivos de produção de energia atingiu quase a saturação. O fenómeno de produção de energia nestes dispositivos tornou-se quase previsível.

A conversão bem sucedida de energia química em energia eléctrica numa célula de combustível primitiva foi demonstrada pela primeira vez[1] há mais de 160 anos. Embora a introdução de uma "economia do hidrogénio" possa parecer um cenário atrativo, a sua implementação depara-se com enormes dificuldades técnicas e económicas. Nos últimos anos, a tecnologia das pilhas de combustível tem sido muito anunciada como a pedra angular da futura economia energética. Em associação com a economia do hidrogénio, tem sido fortemente promovida pelos governos da maioria das principais nações industrializadas do mundo. Atualmente, existe um interesse comercial fenomenal na tecnologia das pilhas de combustível, com a criação de novas empresas e com os principais intervenientes no mercado da energia a voltarem a sua atenção para esta tecnologia. A escala do mercado é certamente da ordem dos milhares de milhões de euros por ano. O grau e a extensão da penetração e do estabelecimento do mercado dependem, de facto, apenas da capacidade de reduzir o custo destes dispositivos, assegurando simultaneamente a sua estabilidade a longo prazo.

A longo prazo, as células de combustível são componentes essenciais de qualquer economia de hidrogénio ou de uma economia de energia limpa semelhante. A curto prazo, prometem um aumento considerável da eficiência de conversão dos combustíveis mais convencionais e, por conseguinte, uma grande redução das emissões de CO2. As células de combustível podem ser vistas como dispositivos de conversão eletroquímica de combustíveis químicos em eletricidade, essencialmente baterias com fontes externas de combustível. As pilhas de combustível oferecem eficiências de conversão química-eléctrica extremamente elevadas devido à ausência da limitação de Carnot e podem ser obtidos ganhos de energia adicionais quando o calor produzido é utilizado em aplicações de produção combinada de calor e eletricidade ou de turbinas a gás. Além disso, a tecnologia não produz quantidades significativas de poluentes, como os óxidos de enxofre ou de azoto, especialmente quando comparada com os motores de combustão interna. Todas as células de combustível são constituídas essencialmente por quatro componentes: o eletrólito, o elétrodo de ar, o elétrodo de combustível e a interconexão[3]. É evidente que a escolha do combustível constitui uma complicação suplementar dos factores que influenciam a comercialização das pilhas de combustível. Hoje em dia, as SOFC[1] estão muito mais próximas da realidade comercial do que há 20 anos, devido a grandes avanços tecnológicos na composição do material dos eléctrodos, no controlo da microestrutura, no fabrico de cerâmica de película fina e na conceção de pilhas e sistemas. Estes avanços conduziram a dezenas de programas de desenvolvimento de SOFC activos, tanto no domínio da energia fixa como móvel, e contribuíram para a comercialização ou o desenvolvimento de uma série de tecnologias conexas, incluindo sensores de gás[4], dispositivos de eletrólise de estado sólido[5] e membranas de transporte de iões para separação de gases e oxidação parcial[6]. Devido à sua elevada temperatura de funcionamento, a SOFC oferece várias vantagens potenciais sobre as células de combustível à base de polímeros, incluindo reacções reversíveis dos eléctrodos, baixa resistência interna, elevada tolerância aos venenos típicos dos catalisadores, produção de calor residual de alta qualidade para (entre outras utilizações) a reforma de combustíveis de hidrocarbonetos, bem como a possibilidade de queimar diretamente combustíveis de hidrocarbonetos[7].

Todos estes factores atraíram a atenção dos investigadores para encontrar fontes alternativas de produção de eletricidade. A este respeito, parece que a fonte de energia eletroquímica, em geral, e a pilha de combustível, em particular, também podem corresponder às expectativas. A pilha de combustível representa uma fonte de energia limpa. Nas subsecções que se seguem, são abordados breves antecedentes sobre as fontes de energia electroquímicas, seguidos de pormenores sobre a SOFC.

---

[1] Células de combustível de óxido sólido

Capítulo 2

I.A.1. FONTES DE ENERGIA ELECTROQUÍMICAS

As fontes de energia electroquímicas são dispositivos que convertem a energia química nelas contida em energia eléctrica. Existem quatro tipos significativos de fontes de energia, que produzem eletricidade por reação no interior de células electroquímicas. Os dois primeiros tipos, que utilizam reagentes armazenados no seu interior, são designados por células primárias e secundárias. Um grupo de células primárias ou secundárias é designado por bateria, embora o termo bateria tenha sido alargado para incluir também uma única célula utilizada como fonte de energia. Essencialmente, as células secundárias, ao contrário das primárias, podem ser movidas em sentido inverso ou carregadas por energia eléctrica externa. O terceiro tipo, as células de combustível, utiliza um reagente que tem de ser continuamente fornecido à célula e os produtos da reação têm de ser continuamente removidos. Por outro lado, nas células primárias e secundárias, os reagentes e os produtos estão contidos na célula. O quarto tipo, as baterias de reserva, é utilizado principalmente para fornecer alta potência durante períodos de tempo relativamente curtos. Cada tipo de fonte de energia eletroquímica é analisado brevemente nas secções seguintes.

1. CÉLULAS PRIMÁRIAS

As pilhas / baterias primárias têm sido a fonte de energia conveniente para dispositivos eléctricos e electrónicos portáteis, instrumentos fotográficos, relógios, calculadoras, memórias de reserva e uma grande variedade de aplicações. Contêm uma quantidade limitada de reagentes que participam em reacções electroquímicas que produzem corrente. Não podem ser reutilizados ou reavivados. A quantidade de reagentes activos de maior energia é convertida em materiais de baixa energia, após a conclusão da descarga. As pilhas primárias existem há mais de 125 anos. Até 1940, as células de zinco-carbono dominavam juntamente com novos e superiores tipos de baterias. Particularmente, em caso de procura intermitente, as pilhas primárias têm sido consideradas mais úteis para fornecer energia de corrente contínua de baixa intensidade. A célula primária prática mais antiga, agora obsoleta, é a célula de Daniel ou célula húmida. Esta célula foi utilizada para alimentar telégrafos eléctricos no início do século passado.

2. CÉLULAS SECUNDÁRIAS OU RECARREGÁVEIS

Podem ser recarregadas eletricamente, após uma descarga, para o seu estado original, fazendo passar através delas uma corrente em sentido contrário ao da corrente de descarga. São o dispositivo de armazenamento de energia eléctrica e são conhecidas como "baterias de armazenamento" ou "acumuladores". As aplicações das baterias secundárias dividem-se em duas categorias principais:

Aplicações em que as células secundárias têm sido utilizadas como dispositivo de armazenamento de energia, sendo geralmente ligadas eletricamente a uma fonte de energia primária e carregadas por esta, fornecendo a sua energia à carga a pedido. Exemplos típicos são a utilização em sistemas automóveis e aeronáuticos, fontes de energia de emergência sem falhas e de reserva e sistemas de armazenamento de energia estacionários (SES) para nivelamento da carga de serviços eléctricos. Aplicações em que as células secundárias foram utilizadas ou descarregadas essencialmente como uma bateria primária, mas recarregadas após a utilização em vez de serem deitadas fora. As células secundárias têm sido utilizadas desta forma em veículos eléctricos, para poupança de custos, e em aplicações que exigem consumos de energia superiores à capacidade das baterias primárias.

3. PILHAS OU BATERIAS DE RESERVA

Nestes tipos primários, os componentes principais foram separados do resto dos componentes da pilha antes da ativação. Neste estado, os componentes químicos

A deterioração ou a auto-descarga foram essencialmente eliminadas e a pilha fica inativa até ser aquecida, fundindo um eletrólito sólido, que se torna então condutor.

A conceção da bateria de reserva tem sido utilizada para satisfazer requisitos de armazenamento extremamente longos ou ambientalmente severos que não podem ser satisfeitos com uma bateria ativa concebida para as mesmas características de desempenho. Estas baterias foram fabricadas principalmente para fornecer alta potência durante períodos de tempo relativamente curtos, necessários em mísseis e outros sistemas de armas.

4. CÉLULAS DE COMBUSTÍVEL

A célula de combustível pode ser considerada uma célula de tipo primário em que os reagentes são alimentados externamente a pedido de energia. Consequentemente, a célula pode funcionar continuamente enquanto os reagentes forem fornecidos, desde que os eléctrodos e componentes internos da célula permaneçam inalterados. O material do ânodo, ou combustível, é geralmente gasoso ou líquido. O hidrogénio é o combustível preferido para as células de combustível devido à facilidade de integração no sistema, à elevada eficiência e às emissões praticamente nulas (Dudfield, 2000a). A tecnologia das células de combustível é capaz de produzir eletricidade com uma eficiência muito elevada e de forma limpa, porque o único produto da reação de oxidação do H_2 é o H_2O. A célula de combustível proporciona um meio de conversão eletroquímica do hidrogénio e/ou de outros tipos de combustíveis convencionais sem as limitações do ciclo de Carnot dos motores térmicos. As principais utilizações incluem a necessidade de energia eléctrica durante longos períodos de tempo, como alternativa aos geradores de motores de potência moderada e para o nivelamento de cargas de serviços públicos.

Alguns dos benefícios importantes das células de combustível são destacados a seguir:

- Elevada eficiência de combustível

- Baixas emissões

- Redução dos danos ambientais inerentes à atividade extractiva

    Indústrias
- Flexibilidade do combustível

- Densidades de potência elevadas
- Flexibilidade de combustível compacto
- Simplicidade de engenharia
- Flexibilidade do sítio
- Temperaturas e pressões de funcionamento baixas

Capítulo 3

I.B: HISTÓRIA DA PILHA DE COMBUSTÍVEL

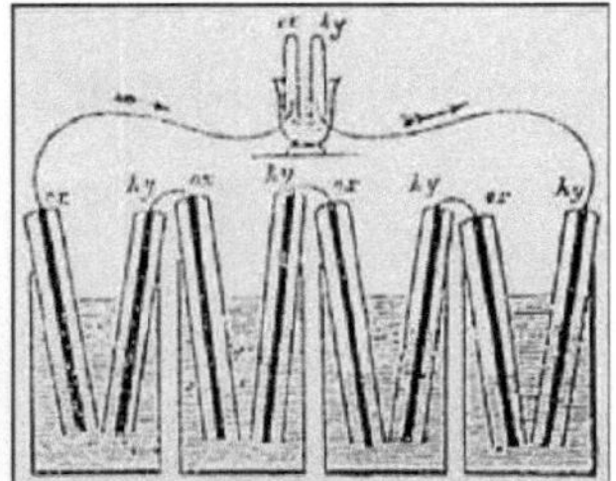

Fig.1.1: Sir William Grove, pai da pilha de combustível e da bateria de gás 1 [st]

Sir William Grove foi o pioneiro da tecnologia das células de combustível em 1839. Ele tem sido reconhecido como o "Pai da Célula de Combustível". As ideias de Grove foram desenvolvidas a partir das suas experiências sobre a eletrólise da água. Segundo ele, deveria ser possível inverter o processo de reação do oxigénio com o hidrogénio, produzindo eletricidade. Célula de combustível foi um termo cunhado em 1889 por Ludwig Mond e Charles Langer. Estes tentaram construir o primeiro dispositivo prático utilizando ar e gás de carvão industrial. Os primeiros dispositivos de células bem sucedidos resultaram de invenções efectuadas em 1932 pelo engenheiro Francis Bacon, ilustradas na Fig.1.1. Bacon conseguiu melhorar o dispendioso catalisador de platina utilizado por Mond e Langer. Harry Karl Ihrig, da empresa de fabrico Allis-Chalmers, demonstrou o seu famoso trator movido a células de combustível com 20 cavalos de potência. No final dos anos 50, a NASA começou a fazer experiências com a tecnologia para desenvolver uma fonte de energia para viagens espaciais. A tecnologia de células de combustível foi finalmente utilizada no programa do vaivém espacial da NASA e projectada para ser utilizada na nova estação espacial internacional.

Capítulo 4

I.C: DESCRIÇÃO DA PILHA DE COMBUSTÍVEL

Em termos gerais, as células de combustível são dispositivos electroquímicos que convertem a energia química nelas contida em energia eléctrica. Uma célula de combustível é constituída essencialmente por uma camada de eletrólito em contacto com um ânodo poroso e um cátodo poroso de cada lado. A Fig.1.2 apresenta uma representação esquemática de uma célula de combustível com os gases reagente(s) e produto(s) e o fluxo de condução iónica. Numa pilha de combustível típica, o combustível gasoso é alimentado continuamente no compartimento do ânodo (elétrodo negativo) e um oxidante (ou seja, oxigénio do ar) é alimentado continuamente no compartimento do cátodo (elétrodo positivo). O hidrogénio flui sobre o ânodo, onde as moléculas são separadas em iões e electrões. Os iões migram para o cátodo através do eletrólito condutor de iões, mas isolante do ponto de vista eletrónico, e os electrões fluem através do circuito externo, alimentando uma carga eléctrica. Os electrões combinam-se eventualmente com as moléculas de oxigénio que fluem sobre a superfície do cátodo e com os iões de hidrogénio que migram através do eletrólito, formando água, que deixa a célula de combustível no fluxo de ar esgotado.

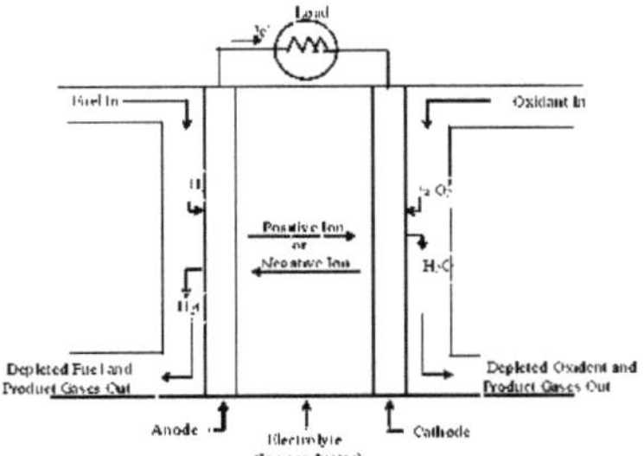

Fig.1.2: Esquema de uma célula de combustível individual [2]

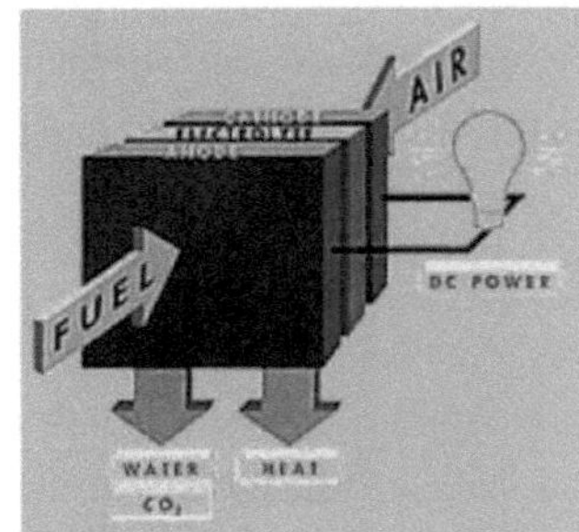

Fig.1.3: Esquema simplificado de uma célula de combustível

As reacções de redução e de oxidação ocorrem nas interfaces destes eléctrodos e do eletrólito para produzir uma corrente eléctrica. Uma célula de combustível, embora feita

É constituída por componentes semelhantes aos de uma bateria típica, mas difere em vários aspectos. A pilha é um dispositivo de armazenamento de energia. A energia máxima disponível pode ser determinada pela quantidade de reagentes químicos armazenados na pilha. A bateria deixa de produzir energia eléctrica quando os reagentes químicos são consumidos (ou seja, descarregados). Numa bateria secundária, a recarga regenera os reagentes, o que implica forçar a entrada de energia na bateria a partir de uma fonte externa. A célula de combustível, no entanto, é um dispositivo de conversão de energia que, teoricamente, tem a capacidade de produzir energia eléctrica, desde que o combustível e o oxidante sejam fornecidos. A Fig.1.3 apresenta um diagrama simplificado que demonstra o funcionamento de uma célula de combustível. As espécies iónicas e a sua direção de transporte podem diferir, influenciando o local de produção e remoção de água, dependendo do tipo de célula de combustível. Os iões podem ser positivos ou negativos, dependendo do tipo de carga que transportam e do eletrólito. O fluxo de gás combustível ou oxidante passa através da superfície do ânodo ou cátodo oposta ao eletrólito e gera energia eléctrica através da oxidação eletroquímica do combustível (geralmente hidrogénio) e da redução eletroquímica do oxidante (geralmente oxigénio).

O hidrogénio gasoso tornou-se o combustível de eleição para a maioria das aplicações devido à sua elevada reatividade. A sua capacidade de ser produzido a partir de hidrocarbonetos para aplicações terrestres na presença de catalisadores adequados, a sua elevada densidade energética, quando armazenado criogenicamente para aplicações em ambiente fechado (como no espaço), são as vantagens adicionais. O oxidante pode ser qualquer fluido que se reduza a uma taxa suficiente. O oxidante mais comum tem sido o oxigénio gasoso, que é fácil e economicamente disponível a partir do ar para aplicações terrestres. Além disso, pode ser facilmente armazenado num ambiente fechado. Uma vez em contacto, estabelece-se uma interface trifásica entre os reagentes, o eletrólito e o catalisador na região do elétrodo poroso. A natureza desta interface desempenha um papel fundamental no desempenho eletroquímico de uma pilha de combustível, em especial nas pilhas de combustível com electrólitos líquidos. Nestas células de combustível, os gases reagentes difundem-se através de uma fina película de eletrólito que molha partes do elétrodo poroso e reagem electroquimicamente na respectiva superfície do elétrodo.

Para fins práticos, a concentração e o conteúdo dos eléctrodos e do eletrólito devem ser optimizados. Se o elétrodo poroso contiver uma quantidade excessiva de eletrólito, o elétrodo pode "inundar" e restringir o transporte de espécies gasosas na fase de eletrólito para os locais de reação, reduzindo consequentemente o desempenho eletroquímico do elétrodo poroso. Assim, deve ser mantido um equilíbrio delicado entre o elétrodo, o eletrólito e as fases gasosas na estrutura do elétrodo poroso. Muitos dos esforços recentes no desenvolvimento da tecnologia das células de combustível têm sido dedicados à redução da espessura dos componentes da célula, ao mesmo tempo que se aperfeiçoa e melhora a estrutura do elétrodo e do eletrólito, com o objetivo de obter um desempenho eletroquímico mais elevado e mais estável, reduzindo simultaneamente os custos.

O eletrólito não só transporta os reagentes dissolvidos para o elétrodo, mas também conduz a carga iónica entre os eléctrodos, completando assim o circuito elétrico da célula, como ilustrado na Fig.1.2. Além disso, constitui uma barreira física que impede a mistura direta dos fluxos de gás combustível e de gás oxidante. As funções dos eléctrodos porosos nas células de combustível são as seguintes

1. Proporcionar um local de superfície onde possam ter lugar reacções de ionização ou desionização de gás/líquido
2. Conduzir os iões para fora ou para dentro da interface trifásica, uma vez formados. Por isso, um elétrodo deve ser feito de materiais com boa condutividade iónica.
3. Fornecer uma barreira física que separe a fase gasosa a granel e o eletrólito.

I.D: CARACTERÍSTICAS BÁSICAS DAS PILHAS DE COMBUSTÍVEL

Algumas das características gerais das pilhas de combustível são explicadas nas subsecções seguintes:

i: PORTADORES DE CARGA

Os portadores de carga são os iões que atravessam o eletrólito, por exemplo, o ião hidrogénio, H^+ / oxigénio, O^{2-}. São diferentes para os diferentes tipos de células de combustível.

ii: RISCOS POR CONTAMINANTES

As células de combustível podem ser "envenenadas" (sofrer uma grave degradação do desempenho) por diferentes tipos de moléculas. Uma vez que existe uma diferença no eletrólito, na temperatura de funcionamento, no catalisador e noutros factores, as diferentes moléculas podem comportar-se de forma diferente em diferentes células de combustível. O principal veneno para todos os tipos de células de combustível é o composto que contém enxofre, como o sulfureto de hidrogénio ($H2S$) e o sulfureto de carbonilo (COS). Os compostos de enxofre estão naturalmente presentes em todos os combustíveis fósseis, e pequenas quantidades permanecem após o processamento normal e devem ser removidas quase completamente antes de entrarem na célula de combustível.

iii: COMBUSTÍVEIS

O hidrogénio tem sido o atual combustível de eleição para todas as pilhas de combustível.

Alguns gases, como o azoto do ar, têm apenas um efeito de diluição no desempenho da pilha de combustível. Outros gases, como o CO e o CH4, têm efeitos diferentes nas pilhas de combustível, consoante o tipo de pilha de combustível. Por exemplo, o CO é um veneno para as pilhas de combustível que funcionam a temperaturas relativamente baixas, como a pilha de combustível de membrana de permuta de protões (PEMFC[2]). No entanto, o CO pode ser utilizado diretamente como combustível para as pilhas de combustível de alta temperatura, como a SOFC. Cada célula de combustível, com o seu eletrólito e catalisadores específicos, aceita diferentes gases como combustíveis ou sofre envenenamento ou diluição. Por conseguinte, os sistemas de fornecimento de gás devem ser adaptados a um tipo específico de célula de combustível.

iv: DESEMPENHO

O desempenho de uma célula de combustível depende de numerosos factores. Na prática, a composição do eletrólito, a geometria da célula de combustível (em especial a área de superfície do ânodo e do cátodo), a temperatura de funcionamento, a pressão do gás e muitos outros factores determinam o desempenho da célula de combustível.

v: REFORMADORES DE COMBUSTÍVEL

As células de combustível de baixa temperatura ($< 200°C$) funcionam com hidrogénio como combustível. Atualmente, as fontes de hidrogénio com uma infraestrutura de distribuição generalizada não estão facilmente disponíveis. Há duas abordagens principais para resolver este problema. A curto prazo, é necessária a utilização de combustíveis fósseis para gerar o hidrogénio.

A transformação de combustíveis fósseis em hidrogénio é, geralmente, designada por reforma de combustíveis. A reforma a vapor é um exemplo em que o vapor é misturado com o combustível fóssil a temperaturas de cerca de 760° C. A fórmula química da reação de reforma do gás natural, composto principalmente por metano (CH4), é

$$CH_4 + 2\ H_2O => CO_2 + 4\ H_2 \qquad (1.1)$$

Nas células de combustível de alta temperatura (MCFC e SOFC), o CO no fluxo de combustível actua como combustível. No entanto, é provável que ocorra a reação de transferência água-gás e que o combustível para a célula de combustível real seja, sem dúvida, o hidrogénio, de acordo com

$$CO + H_2O => CO_2 + H_2 \qquad (1.2)$$

A reforma do combustível pode ser efectuada em instalações de diferentes escalas. Isto pode

---

[2] Célula de combustível de membrana de permuta de protões

resultar em hidrogénio puro, quer como gás a alta pressão, quer como líquido. O H2 assim produzido pode, então, ser fornecido aos utilizadores de células de combustível. A reforma do combustível pode também ser efectuada a uma escala intermédia num local como uma bomba de gasolina. Neste exemplo, a gasolina ou o gasóleo seriam refinados e entregues na estação com a infraestrutura atual. O equipamento no local reformaria o combustível fóssil numa mistura composta principalmente por hidrogénio, mas poderia incluir outros componentes moleculares como o CO_2 e o N_2. A pureza deste hidrogénio depende dos desenvolvimentos em curso nas técnicas para separar o H2 de outros gases de forma rentável. Este hidrogénio seria então provavelmente entregue aos clientes como gás de alta pressão.

Em alternativa, o processo de reforma do combustível pode ser adotado, em pequena escala, numa base de necessidade, imediatamente antes da sua introdução na pilha de combustível. Um exemplo seria um veículo movido a célula de combustível ter um tanque de gasolina a bordo que usaria a infraestrutura existente de fornecimento de gasolina. Um processador de combustível a bordo transformaria a gasolina num fluxo rico em hidrogénio que seria alimentado diretamente na célula de combustível. Atualmente, não é prático efetuar a separação de outros produtos do processo de reforma do hidrogénio em tão pequena escala.

A longo prazo, a maior parte, se não a totalidade, do hidrogénio utilizado para alimentar as células de combustível poderia ser gerado a partir de recursos renováveis, como a energia eólica ou solar. A eletricidade gerada num parque eólico poderia ser utilizada para dividir a água em hidrogénio e oxigénio. Este processo de eletrólise produziria hidrogénio puro e oxigénio puro. O hidrogénio poderia então ser fornecido por gasoduto a todos os utilizadores finais. Esta mudança na fonte de energia foi descrita como uma economia do hidrogénio. Muito se tem escrito sobre o potencial futuro desta utilização da energia[2] .

vi: FUNCIONALIDADE DAS PILHAS DE COMBUSTÍVEL

As células de combustível geram eletricidade a partir de uma reação eletroquímica simples em que um oxidante, normalmente o oxigénio do ar, e um combustível, normalmente o hidrogénio, se combinam para formar água como produto, para a célula de combustível típica. O oxigénio (ar) passa continuamente sobre o cátodo e o hidrogénio passa sobre o ânodo para gerar eletricidade, calor subproduto e água.

O eletrólito que separa o ânodo e o cátodo é o material condutor de iões. No ânodo, o hidrogénio e os seus electrões são separados de modo a que os iões de hidrogénio (protões) passem através do eletrólito, enquanto os electrões passam através de um circuito elétrico externo sob a forma de corrente contínua (DC^3). O ião de hidrogénio combina-se inicialmente com o oxigénio no cátodo e depois recombina-se com os electrões para formar água. As reacções electroquímicas são apresentadas a seguir.

Anode Reaction: $\qquad 2H_2 => 4H^+ + 4e^-$ $\qquad\qquad$ (1.3)

Cathode Reaction: $\qquad O_2 + 4H^+ + 4e^- => 2H_2O$ $\qquad\qquad$ (1.4)

Overall Cell Reaction: $2H_2 + O_2 => 2H_2O$ $\qquad\qquad$ (1.5)

As células de combustível individuais podem então ser combinadas numa "pilha" de células de combustível. O número de células de combustível na pilha determina a tensão total, e a área de superfície de cada célula determina a corrente total. Multiplicando a tensão pela corrente, obtém-se a potência eléctrica total gerada.

$$\text{Potência (Watts)} = \text{Tensão (Volts)} \times \text{Corrente (Amperes)} \qquad (1,6)$$

A pilha de combustível emite menos dióxido de carbono e óxidos de azoto por quilowatt de A energia gerada devido à elevada eficiência e às baixas temperaturas de oxidação do combustível. O ruído das centrais eléctricas a pilhas de combustível foi considerado como sendo de 55 dB a 90 pés (Appleby, 1993), uma vez que as pilhas de combustível não têm partes móveis (exceto as bombas, os ventiladores e os transformadores, que são partes necessárias de qualquer sistema de produção de energia), o ruído e a vibração são praticamente inexistentes. Outra vantagem das células de combustível tem sido o aumento da eficiência em condições de carga parcial, ao contrário das turbinas a gás e a vapor, ventiladores e compressores. Por último, as pilhas de combustível podem utilizar muitos tipos diferentes de combustível, como o gás natural, o propano, o gás de aterro, o gás de digestor anaeróbio, o combustível para jactos JP-8, o gasóleo, a nafta, o metanol e o hidrogénio.

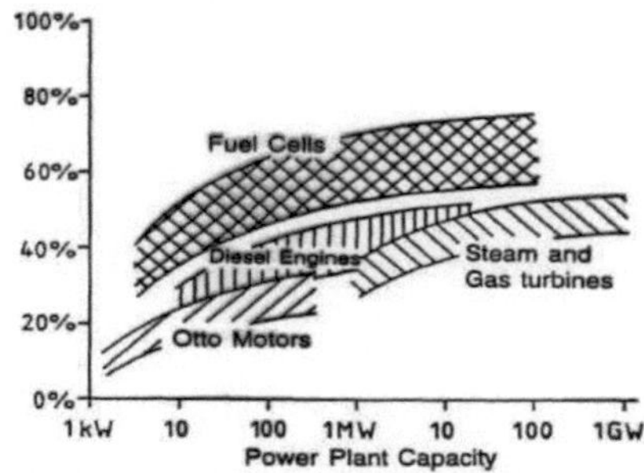

Fig.1.4: Comparação da eficiência das centrais eléctricas [4]

Esta versatilidade garante que as pilhas de combustível não se tornarão obsoletas devido à indisponibilidade de certos combustíveis. A Fig. 1.4 apresenta uma comparação da eficiência das centrais eléctricas.

---

[3] Corrente contínua

Capítulo 5

1 .E: CLASSIFICAÇÃO DAS PILHAS DE COMBUSTÍVEL

As tecnologias de células de combustível, atualmente em desenvolvimento para aplicações de produção de energia, podem ser classificadas com base em

- A sua temperatura de funcionamento (baixa, média e alta temperatura).
- A natureza do eletrólito (electrólitos líquidos ou sólidos).
- O modo de condução (condução iónica ou protónica).

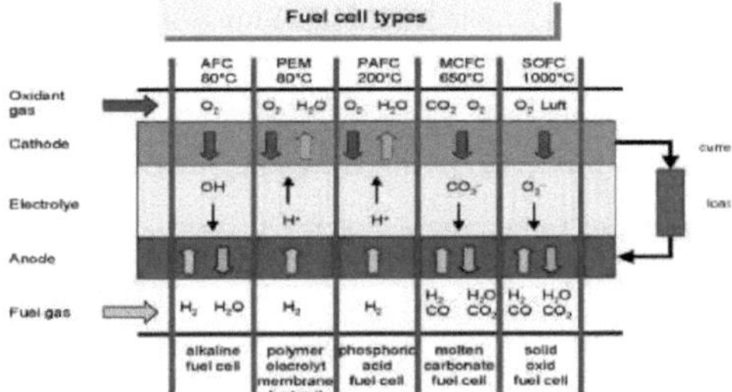

Fig. 1.5: Funcionamento de diferentes tipos de células de combustível [2].

Entre as várias tecnologias de pilhas de combustível, (i) as pilhas de combustível alcalinas (AFC[4]), (ii) a pilha de combustível de eletrólito polimérico (PEMFC), (iii) a pilha de combustível de ácido fosfórico (PAFC[5]), (iv) a pilha de combustível de carbonato fundido (MCFC[6]) e (v) a pilha de combustível de óxido sólido (SOFC) foram desenvolvidas e testadas no terreno em todo o mundo para aplicações nos segmentos de mercado da produção de energia estacionária (distribuída e centralizada), móvel (motor principal e energia auxiliar) e portátil (portátil e remota). O funcionamento dos diferentes tipos de células de combustível é apresentado esquematicamente na Fig. 1.5, com uma descrição pormenorizada.

I.E.1: CÉLULAS DE COMBUSTÍVEL ALCALINAS

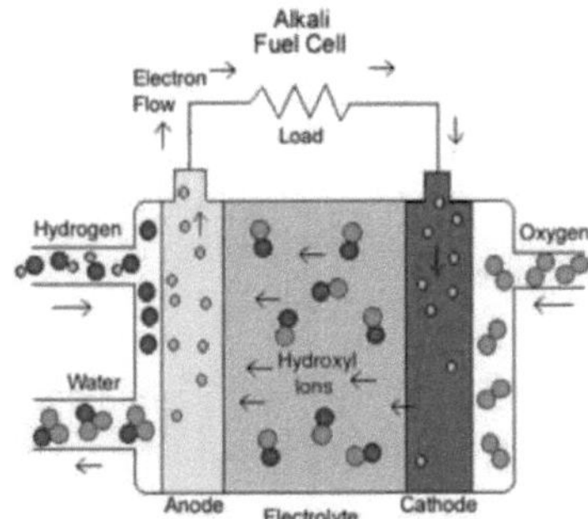

Fig. 1.6: Célula de combustível alcalina [6].

---

[4] Célula de combustível alcalina
[5] Célula de combustível de ácido fosfórico
[6] Célula de combustível de carbonato fundido

Os AFC têm funcionado com hidrogénio e oxigénio comprimidos.

Utilizam geralmente uma solução de hidróxido de potássio (quimicamente, KOH) em água como eletrólito. A eficiência foi registada como sendo de cerca de 70 por cento com uma temperatura de funcionamento entre 150 e 200° C. A potência da célula foi encontrada entre 300 e 5000 watts (W). As células alcalinas foram utilizadas nas naves espaciais Apollo para fornecer eletricidade e água potável. Requerem hidrogénio puro como combustível, mas os seus catalisadores de eléctrodos de platina são muito caros[5] . A Fig.1.6 mostra a célula de combustível alcalina.

1 .E.2: CÉLULAS DE COMBUSTÍVEL COM MEMBRANA PERMUTADORA DE PROTÕES (PEM)

As PEMFC foram desenvolvidas principalmente para potências inferiores a 500 KW. A utilidade das PEMFCs inclui:

- Veículos ligeiros (50-100 KW) e médios (200 KW)
- Produção de eletricidade para fins residenciais (2-10 KW) e comerciais (250-500 KW)
- Pequenos geradores e/ou geradores portáteis e substituição de baterias

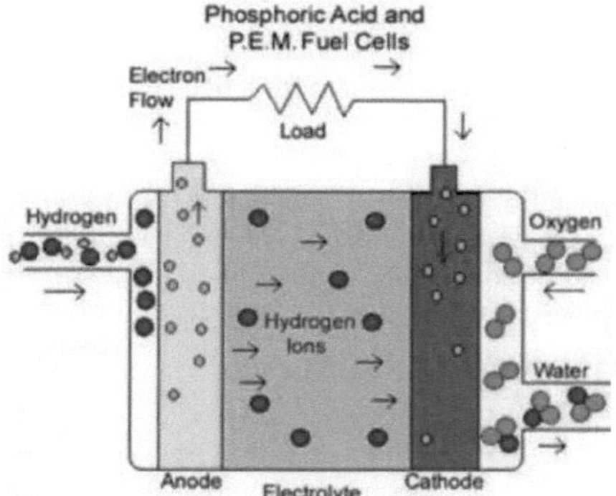

Fig. 1.7: PEM e célula de combustível de ácido fosfórico [6].

As PEMFC têm funcionado normalmente a cerca de 80-85° C, uma temperatura determinada tanto pela estabilidade térmica como pelas características de condutividade iónica

da membrana polimérica[7] . O   condutor de protões

O eletrólito polimérico necessita de água líquida para obter uma condutividade iónica suficiente, limitando assim a temperatura de funcionamento a menos de 100° C. A baixa temperatura de funcionamento permite que as PEMFC atinjam rapidamente o estado estacionário de funcionamento. As PEMFC têm sido utilizadas para obter densidades de potência mais elevadas a partir da pilha de células e podem funcionar a pressões de ar elevadas, até oito atmosferas. As PEMFC apresentam uma eficiência eléctrica de quase 50 por cento[8] . No entanto, como a temperatura do calor residual da célula de combustível tem sido demasiado baixa do que a utilizada no processo de reforma do combustível, a eficiência global do sistema tem sido limitada a 42%[9] . Dependendo do tipo de processo de reforma, os sistemas PEMFC podem ter os rendimentos eléctricos mais baixos de todos os sistemas de pilhas de combustível. Seguem-se os principais problemas técnicos com que se confrontam os criadores de PEMFC;

- Envenenamento do electrocatalisador por concentrações baixas de monóxido de carbono no combustível.
- Gestão da água e limites de temperatura de funcionamento da membrana.
- Custos da membrana e da balança do sistema ("balança do sistema" inclui todo o equipamento auxiliar da instalação fora do módulo de potência da pilha de combustível).
- Vida celular.

I.E.3: CÉLULAS DE COMBUSTÍVEL DE ÁCIDO FOSFÓRICO (PAFC)

As PAFC são as únicas células de combustível comercialmente disponíveis atualmente. Em todo o mundo, a tecnologia PAFC foi demonstrada em níveis que variam de 50 KW a 11 MW, com a maioria das unidades de demonstração entre 50 e 200 KW. As PAFC podem ser utilizadas para a produção de energia no local em hospitais, hotéis, escolas e edifícios comerciais que necessitem de calor, alta qualidade de energia ou serviços de energia de primeira qualidade. As PAFC têm electrólitos de ácido fosfórico e funcionam a 200° C. O material eletrolítico consiste em 100% de ácido fosfórico, que actua como fluido de transporte para a migração de iões de hidrogénio dissolvidos do ânodo para o cátodo. Por outras palavras, conduz a carga iónica entre os dois eléctrodos, de modo a completar o circuito elétrico.

As PAFCs têm sido as únicas células de combustível a atingir consistentemente tempos de vida demonstrados de 40.000 h ou mais em condições de produção. As unidades de campo têm funcionado a temperaturas ambiente de 32 a 49° C e a altitudes de uma milha. A utilização da produção térmica para aplicações de co-geração, como hotéis, hospitais e escolas, tem sido particularmente atractiva. Em comparação com outros tipos de células de combustível, a eficiência eléctrica das PAFC é baixa. Esta desvantagem é compensada pela sua tolerância aos contaminantes do combustível, pelo potencial de cogeração e pela prontidão da tecnologia.

I.E.4: CÉLULAS DE COMBUSTÍVEL DE CARBONATO DE MOLTEN (MCFC)

As MCFC são células de combustível de alta temperatura que oferecem várias vantagens para a produção de eletricidade no local ou à escala dos serviços públicos. Produziram resíduos de alta qualidade calor que pode ser utilizado para o processamento e a co-geração de combustíveis, a reforma interna do metano e a produção convencional de eletricidade. O calor residual tem temperaturas suficientes para produzir vapor de alta pressão para processos industriais. Os promotores têm como alvo mercados comerciais como hotéis, escolas, hospitais de pequena e média dimensão e centros comerciais, bem como aplicações industriais (química, papel, metal, alimentos e plásticos) para a produção de energia no local.

As MCFC foram consideradas como uma célula de combustível baseada em eletrólito líquido que utiliza pilhas de células de combustível planas e configuradas de forma plana. As MCFC são normalmente constituídas por um eletrólito à base de lítio-potássio ou lítio-sódio. É também conhecida como "dispositivo de permuta de produtos"[7] . A temperatura de funcionamento das MCFC é de 650° C, que é substancialmente mais elevada do que a das PEMFC ou PAFC. Além disso, a temperatura de funcionamento elevada, combinada com a cinética rápida do elétrodo, elimina a necessidade de um electro-catalisador de metal nobre dispendioso e resultou na maior eficiência eléctrica de todos os tipos de células de combustível. As MCFC têm uma eficiência verificada de até cerca de 44% e os desenvolvedores esperam que a eficiência atinja 50 a 60% (LHV). As MCFC têm funcionado com vários tipos de combustível, uma vez que o monóxido de carbono não é venenoso. As MCFC têm funcionado com gás natural reformado ou sintético e com gás de carvão sintético. A elevada temperatura de funcionamento tem sido a desvantagem das MCFC, uma vez que o eletrólito de carbonato fundido contribui para um ambiente mais corrosivo. Por conseguinte, os materiais a utilizar nas MCFC têm de suportar temperaturas de funcionamento elevadas e resistir à corrosão. Aumentar a vida útil da célula para 40.000 horas tem sido o maior desafio técnico que persiste no desenvolvimento de MCFCs. A dissolução do cátodo no eletrólito, a gestão do eletrólito e a corrosão do hardware têm sido os principais obstáculos à sua longa vida útil.

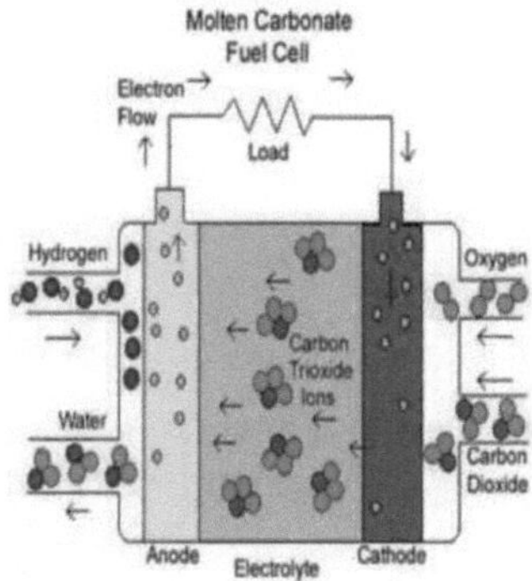

Fig.1.8: Célula de combustível de carbonato fundido [6]

I.E.5: CÉLULA DE COMBUSTÍVEL DE ÓXIDO SÓLIDO (SOFC)

Tanto as células de combustível de óxido sólido como as de carbonato fundido têm sido dispositivos de alta temperatura. A história técnica de ambas as células parece estar enraizada em linhas de investigação semelhantes até ao final da década de 1950[10] .

O cientista suíço Emil Baur e o seu colega Preis fizeram experiências de SOFC com electrólitos de óxido sólido no final da década de 1930. Utilizaram materiais como o zircónio, o ítrio, o cério, o lantânio e o tungsténio. As suas concepções não foram tão condutoras de eletricidade como se esperava e, segundo consta, registaram reacções químicas indesejáveis entre os electrólitos e vários gases, incluindo o monóxido de carbono [10] .

Na década de 1940, Davtyan, da Rússia, adicionou areia monazítica a uma mistura de carbonato de sódio, trióxido de tungsténio e vidro de soda, a fim de aumentar a condutividade e a resistência mecânica. Esta última conceção, no entanto, também sofreu reacções químicas indesejadas e teve um tempo de vida curto.

No final dos anos 50, a investigação sobre a tecnologia dos óxidos sólidos começou a acelerar no Central Technical Institute em Haia, Países Baixos, na Consolidation Coal Company, na Pensilvânia, e na General Electric, em Schenectady, Nova Iorque. Em 1959, os debates sobre as células de combustível assinalaram os problemas dos electrólitos sólidos, como a resistência eléctrica interna relativamente elevada, a fusão e o curto-circuito devido à semi-condutividade. Do mesmo modo, muitos investigadores começaram a acreditar que as pilhas de combustível de carbonato fundido eram mais promissoras a curto prazo. Consecutivamente, a célula de alta temperatura, tolerante ao monóxido de carbono e que utiliza um eletrólito sólido estável, continuou a atrair uma atenção modesta. Os investigadores da Westinghouse, por exemplo, fizeram experiências com uma célula que utilizava óxido de zircónio e óxido de cálcio em 1962[10] . Mais recentemente, os preços da energia e os avanços na tecnologia dos materiais revigoraram os trabalhos sobre as SOFC, e um relatório recente referia cerca de 40 empresas a trabalhar nestas células de combustível[10] .

Uma SOFC utiliza geralmente um eletrólito de cerâmica dura em vez de um líquido e funciona a temperaturas até 1000° C. Uma mistura de óxido de zircónio e óxido de cálcio forma uma rede cristalina, embora outras combinações de óxidos também tenham sido utilizadas como electrólitos. O eletrólito sólido é normalmente revestido em ambos os lados com materiais porosos especializados para eléctrodos. A esta temperatura de funcionamento elevada, os iões de oxigénio (com uma carga negativa) migram através da estrutura cristalina do eletrólito. Um gás combustível, que contém hidrogénio, passa sobre o ânodo. Consequentemente, um fluxo de iões de oxigénio com carga negativa move-se através do eletrólito para oxidar o combustível. O oxigénio é fornecido, normalmente a partir do ar, no cátodo. Os electrões gerados no ânodo viajam através de uma carga externa até ao cátodo, completando assim o circuito, e fornecem energia eléctrica ao longo do percurso, gerando eficiências que podem atingir cerca de 60 por cento.

As SOFC têm-se revelado altamente promissoras para aplicações de grande dimensão e de elevada potência, incluindo estações industriais e centrais de produção de eletricidade em grande escala. Alguns criadores utilizaram as SOFC em veículos a motor e unidades de potência auxiliares (APU[7] s) [6].

As SOFC têm-se destinado principalmente a aplicações estacionárias com uma potência que varia entre 1 KW e 2 MW. Têm funcionado a temperaturas muito elevadas, normalmente entre 700 e 1000° C. Os seus efluentes gasosos podem ser utilizados para alimentar uma turbina de gás secundária para melhorar a eficiência eléctrica. A eficiência pode atingir 70% nestes sistemas híbridos, denominados dispositivos de produção combinada de calor e eletricidade (CHP[8]). Nestas células, os iões de oxigénio foram transferidos através de um material eletrolítico de óxido sólido a alta temperatura para reagir com o hidrogénio no lado do ânodo[11]. Devido à elevada temperatura de funcionamento das SOFC, pode também ser utilizado um catalisador barato. Isto significa que as SOFC não são envenenadas pelo monóxido de carbono, o que as torna altamente flexíveis em termos de combustível. Até à data, as células de combustível de óxido sólido têm funcionado com metano, propano, butano, gás de fermentação, biomassa gaseificada e fumos de tinta. No entanto, os componentes de enxofre presentes no combustível devem ser removidos antes de entrarem na célula. A remoção dos componentes de enxofre foi facilmente conseguida através de um leito de carbono ou de um absorvente de zinco. A expansão térmica exige um processo de aquecimento uniforme e lento no arranque. Tipicamente, são esperadas 8 horas ou mais.

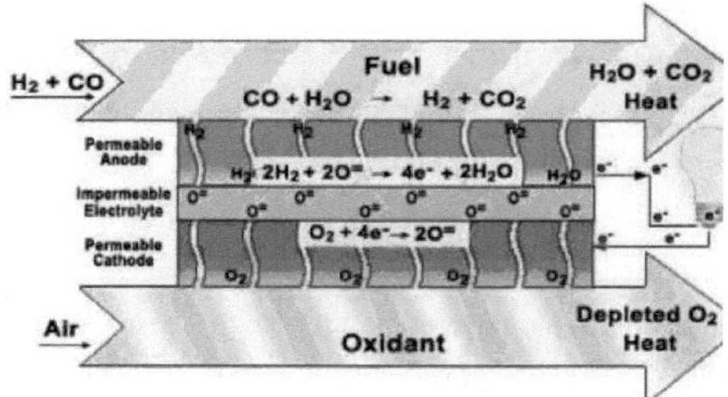

Fig.1.9: Esquema da SOFC [12]

As geometrias tubulares micro prometem tempos de arranque muito mais rápidos, normalmente 13 minutos. Ao contrário da maioria dos outros tipos de células de combustível, as SOFC têm múltiplas geometrias. A geometria planar tem sido a típica geometria tipo sanduíche utilizada pela maioria dos tipos de células de combustível. Aqui, o eletrólito é colocado entre os eléctrodos. As SOFC podem também ser fabricadas em geometrias tubulares, em que o ar ou o combustível podem passar através do interior do tubo e o outro permite a passagem ao longo do exterior do tubo. A conceção tubular tem a vantagem de ser muito mais fácil de vedar e de separar o combustível do ar

---

[7] Unidades de potência auxiliares
[8] Produção combinada de calor e eletricidade

do que a conceção plana. O desempenho da conceção plana tem sido atualmente melhor do que o da conceção tubular, porque a conceção plana tem uma resistência inferior à da conceção tubular. Uma célula de combustível de óxido sólido é constituída por quatro camadas. Três das quais são de cerâmica. Uma única célula constituída por estas quatro camadas empilhadas tem normalmente apenas alguns milímetros de espessura. Centenas de células deste tipo foram depois ligadas em série para formar a pilha SOFC. As cerâmicas utilizadas nas SOFC só se tornam eléctrica e ionicamente activas quando atingem temperaturas muito elevadas e, consequentemente, as pilhas têm de funcionar a temperaturas que variam entre 700 e 1200 $C^{o[11]}$. As reacções celulares são dadas

Anode Reaction:	$H_2\ (g) + O^{2-} \leftrightarrow H_2O\ (g) + 2e^-$	(1.6)
Cathode Reaction:	$\tfrac{1}{2}O_2\ (g) + 2e^- \leftrightarrow O^{2-}$	(1.7)

como:

Overall Cell Reaction: $H_2\ (g) + \tfrac{1}{2}O_2\ (g) \leftrightarrow H_2O\ (g)$ (1.8)

A Fig.1.9 mostra esquematicamente o funcionamento de uma célula de combustível de óxido sólido. A célula pode ser construída com dois eléctrodos porosos, que se juntam a um eletrólito. O ar flui ao longo do cátodo, que é, por isso, também designado por "elétrodo de ar". Quando a molécula de oxigénio entra em contacto com a interface cátodo/eletrólito, adquire cataliticamente quatro electrões do cátodo e divide-se em dois iões de oxigénio, de acordo com a reação (Eqn.1.7). Os iões de oxigénio difundem-se no material eletrolítico e migram para o outro lado da célula, onde encontram o ânodo, também chamado "elétrodo de combustível". Os iões de oxigénio encontram o combustível na interface ânodo/eletrólito e reagem cataliticamente, libertando água, dióxido de carbono, calor e, mais importante, electrões, de acordo com a reação (Eqn.1.6). Os electrões são transportados através do ânodo para o circuito externo e de volta para o cátodo, fornecendo uma fonte de energia eléctrica útil a um circuito externo.

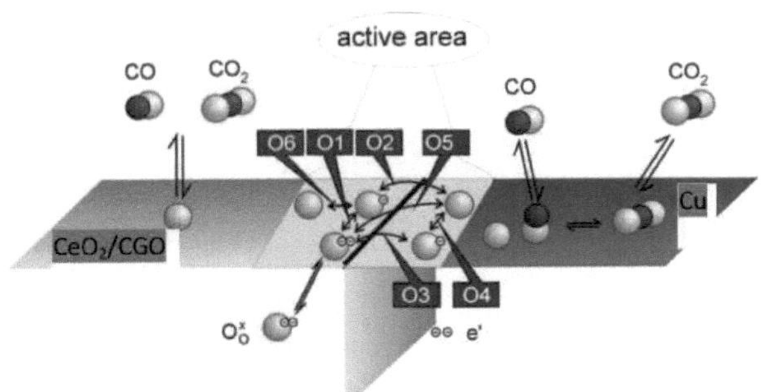

Fig.1.10: Modelação do ânodo de cermet da SOFC: Difusão de reação cinética elementar

A tensão de circuito aberto, "$E0$", da célula pode ser calculada a partir da variação da energia livre, "AG", das reacções electroquímicas ou a partir das pressões parciais do oxigénio "$P0\ (c)$" no cátodo e "$P_0(a)$" no ânodo;

$$E_0 = \Delta G / nF = RT/nF \ln (P_c / P_a) \tag{1.9}$$

Nesta equação, "R" representa a constante dos gases, "T" é a temperatura absoluta, "F" é a constante de Faraday e "n" é o equivalente eletrónico de

oxigénio (n = 4). A tensão da célula a 1000° C foi de cerca de 1V para a SOFC com oxigénio

puro

hidrogénio e ar. A tensão da pilha diminui quando se retira a corrente devido à polarização. A polarização total de uma pilha, 'n', é a soma de três termos: polarização anódica 'na', polarização catódica 'nc' e polarização por resistência 'nr'.

$$\eta = \eta_a + \eta_c + \eta_r. \tag{1.10}$$

A polarização depende dos materiais do elétrodo, do eletrólito, da conceção da célula e da temperatura de funcionamento. A SOFC é constituída por um ânodo, um cátodo e um eletrólito, que são descritos em pormenor a seguir;

a. ANÓIDE

Um ânodo é um dos eléctrodos carregados de um circuito elétrico, sendo o outro o cátodo. Como pólo de um circuito ativo, o ânodo facilita o fluxo de electrões dentro e fora do circuito. Dentro da célula, a direção do fluxo de electrões é do cátodo para o ânodo, enquanto que fora da célula o fluxo viaja do ânodo para o cátodo.

A função de um material anódico (por vezes designado por elétrodo de combustível) numa célula de combustível de óxido sólido é proporcionar uma interface onde o combustível (Fig. 1.10), os iões de oxigénio do eletrólito, um catalisador adequado e os electrões do material catódico se encontram. É desejável um material anódico poroso para proporcionar uma elevada área de superfície para as reacções anódicas que ocorrem na interface ânodo-eletrólito, para a remoção de produtos de reação e para o armazenamento temporário de gases combustíveis. Uma elevada atividade catalítica para a oxidação do CO e do H e uma boa estabilidade são os parâmetros necessários para um material anódico de SOFC em atmosferas redutoras. A camada cerâmica do ânodo, muito porosa, permite o fluxo do combustível para o eletrólito. Tal como o cátodo, deve conduzir a eletricidade. O cermet constituído por níquel misturado com o material cerâmico do eletrólito tem sido o material mais utilizado. O ânodo tem sido geralmente a camada mais espessa e mais forte em cada célula individual, e muitas vezes fornece o suporte mecânico. Em termos electroquímicos, o ânodo tem sido utilizado para os iões de oxigénio que se difundem através do eletrólito para oxidar o hidrogénio combustível. A reação de oxidação entre os iões de oxigénio e o hidrogénio produz água e eletricidade, como se mostra na Fig.1.10[11] . A composição do ânodo, as dimensões das partículas dos pós e o método de fabrico são fundamentais para obter uma elevada condutividade eléctrica, uma condutividade iónica adequada e uma elevada atividade para as reacções electroquímicas e para as reacções de reforma e de transferência[12] . As fronteiras triplas de fase (TPB[9]) num ânodo são as regiões onde o eletrólito sólido, o catalisador e o combustível gasoso se encontram na pilha SOFC. A área da TPB é definida como o produto do comprimento da TPB e da espessura do ânodo ativo. Assume-se que a reação eletroquímica ocorre perto do TPB anódico[13] . O desenvolvimento de óxidos condutores mistos como eléctrodos é uma abordagem atractiva. Nestes óxidos, tanto os electrões como os iões de óxido apresentam mobilidades elevadas, pelo que a reação eletroquímica pode ocorrer na interface elétrodo/gás e não apenas nos TPB[14] .

O material anódico mais potente em termos de propriedades catalíticas no que respeita à oxidação do H é o níquel[15] . A sinterização e o engrossamento das partículas de Ni a altas temperaturas conduzem a uma redução da porosidade e do comprimento do TPB. A adição de partículas de YSZ e a formação de um cermet Ni/YSZ pode eliminar este problema[16] . Um cermet poroso de níquel e zircónio estabilizado com ítria (Ni/YSZ) é geralmente utilizado como material anódico em células de combustível de óxido sólido com material eletrolítico de YSZ[16, 17] . Os pós de NiO e YSZ são submetidos a mistura e sinterização para formar uma cerâmica composta de NiO/YSZ. Após este processo, o NiO é reduzido a níquel metálico quando a SOFC é exposta ao combustível. Desta forma, é possível obter Ni metálico e uma estrutura porosa. O desempenho do ânodo Ni/YSZ depende fortemente do seu teor de níquel e da sua microestrutura[17] .

São realizados estudos sobre a morfologia, a porosidade e a espessura óptimas destes ânodos de cermet. A principal desvantagem do ânodo de cermet Ni/YSZ resulta da promoção de reacções de cracking catalítico competitivo de hidrocarbonetos. A elevada carga de Ni no cermet Ni/YSZ resulta numa incompatibilidade de expansão térmica entre o Ni e o substrato do eletrólito de zircónio. Na utilização de gás natural como combustível em ânodos de cermet de Ni, ocorre intolerância ao enxofre, o que resulta na deposição de sulfureto de níquel no ânodo[17] . Existem também estudos sobre materiais anódicos alternativos para SOFCs com eletrólito de YSZ. A zircónia estabilizada com cobre[18] , o cermet Cu-Ni-YSZ[19] , o titanato de estrôncio dopado com lantânio[20] , as cromites de lantânio dopadas[21, 22] e os óxidos condutores iónicos-electrónicos mistos[23] são alguns dos materiais candidatos a ânodo para as SOFC com eletrólito de YSZ. O local mais comum onde as pessoas lidam com ânodos é quando utilizam uma célula galvânica ou "seca", também conhecida como bateria. O ânodo de uma bateria é o ponto de contacto negativo (-). Numa pilha em funcionamento, os electrões são forçados a sair através do ânodo e a entrar no circuito ativo. Os ânodos também fazem parte dos circuitos electrolíticos. Pode tê-los visto durante a realização de experiências científicas na escola, nas quais a água é decomposta em hidrogénio e oxigénio. O ânodo é o contacto negativo e o local onde ocorre a oxidação.

Existe um tipo de ânodo chamado "ânodo de sacrifício". Este tipo de ânodo é utilizado para reduzir a incidência de corrosão num objeto ou superfície metálica que está imerso num ambiente reativo. Um exemplo disto seria o casco metálico de um navio. Um ânodo feito de zinco, alumínio ou magnésio é ligado eletricamente ao metal do casco do navio. Com o tempo, o ânodo dissolve-se na água que o rodeia. Desta forma, o metal do casco fica protegido da corrosão. Outro local onde se encontram ânodos é nas televisões tradicionais e nos monitores de computador que utilizam tubos catódicos. Onde há um cátodo, tem de haver um ânodo. Num televisor, os electrões são emitidos por um cátodo que funciona como um "canhão de electrões". Os electrões são disparados para um ânodo na extremidade de visualização do tubo e dirigidos por potentes ímanes para um ecrã sensível à luz. Os ânodos são também utilizados em processos de galvanoplastia. Neste processo, um ânodo do metal de revestimento é imerso numa solução de um sal desse metal. Por exemplo, um ânodo de prata é mergulhado numa solução de sulfato de prata. À medida que o ânodo se dissolve na solução, os iões de prata metálica gravitam em direção a um anel ou cadeia que actua como cátodo e acumulam-se na sua superfície. Desta forma, um objeto de metal comum pode assumir a aparência de um objeto feito de um metal precioso.

b. ELECTROLÍTICO

Uma vez que a seleção do material e a conceção das SOFC são realizadas em função do material do eletrólito, pode dizer-se que o eletrólito sólido é o componente mais crítico das SOFC. Os requisitos aplicáveis ao eletrólito das SOFC são numerosos: (i) elevada condutividade iónica, (ii) estabilidade química, (iii) condutividade eletrónica negligenciável, (iv) estabilidade mecânica, (v) estabilidade térmica, (vi) espessura, (vii) estanquidade ao gás, (viii) compatibilidade com outros componentes das SOFC e (ix) custo de processamento são parâmetros essenciais para um material eletrolítico em sistemas SOFC.

O mecanismo da condutividade iónica depende fortemente do processo de difusão[24] . Os iões de oxigénio (O) resultantes da reação catódica no lado catódico passam através do eletrólito para o lado anódico com a ajuda das vacâncias de oxigénio. No lado do ânodo, ocorre a reação anódica e, dependendo do tipo de combustível, forma-se H O e/ou CO. Para o funcionamento de uma SOFC, a concentração de oxigénio vazio é um parâmetro importante no material do eletrólito. Outro aspeto é a dependência do processo de difusão em relação à temperatura. A taxa de difusão aumenta exponencialmente com o aumento da temperatura. Devido às limitações de temperatura do funcionamento da SOFC em termos de custos, são desejadas temperaturas mínimas de funcionamento[25] . Por conseguinte, é essencial um material eletrolítico com elevada condutividade do ião oxigénio a baixas temperaturas (< 800° C). Os actuais candidatos a material eletrolítico não cumprem todos os requisitos acima enumerados. Prosseguem os estudos a nível mundial sobre o desenvolvimento de materiais electrolíticos adequados e a melhoria das propriedades dos actuais candidatos a electrólitos. A adição de elementos dopantes aos materiais electrolíticos de óxido especificados é a forma mais popular de aumentar a condutividade iónica do material eletrolítico, através da criação de vagas de oxigénio adicionais de acordo com o seu estado de valência.

A espessura do material do eletrólito é um parâmetro importante em termos de condutividade iónica e temperatura de funcionamento da SOFC. Nos electrólitos mais finos, o movimento do ião de oxigénio através do eletrólito ocorre facilmente a temperaturas mais baixas, podendo obter-se a mesma (ou mais) quantidade de condutância iónica, em comparação com electrólitos mais espessos[26] .

A condutância eletrónica do material eletrolítico deve ser tão baixa quanto possível, de modo a minimizar a resistência óhmica (perda) durante o funcionamento. A condutividade iónica é uma função do processo de difusão, e a difusão é uma função da temperatura. O lado anódico do eletrólito está sujeito a atmosferas oxidantes e o lado catódico está sujeito a atmosferas redutoras. No caso da utilização de hidrocarbonetos combustíveis, a atmosfera de CO também está presente. O material do eletrólito deve ser estável a estas atmosferas.

Os efeitos das fronteiras de grão na condutividade iónica dos materiais electrolíticos sólidos também são investigados. Sabe-se que as fronteiras de grão podem aumentar a resistência do material eletrolítico[13] . As fronteiras de grão altamente resistivas conduzem a um semicírculo adicional no plano de impedância complexo e a espetroscopia de impedância pode ser utilizada para separar as resistências de fronteira de grão e de massa. São discutidos diferentes modelos para explicar as resistências de fronteira de grão, tais como i) molhagem completa, fase de fronteira de grão altamente resistiva, ii) camadas de depleção de carga espacial, ou iii) restrição de corrente devido a molhagem parcial, fase de fronteira de grão ionicamente bloqueadora.

O eletrólito é uma camada densa de cerâmica condutora de iões de oxigénio. A sua condutividade eletrónica deve ser mantida tão baixa quanto possível para evitar perdas por correntes de fuga. Para forçar os electrões libertados do combustível para o circuito externo, onde podem realizar trabalho útil, tem de haver uma enorme resistência para evitar que atravessem o eletrólito. As classes de materiais electrolíticos populares incluem a zircónia estabilizada e a céria dopada[27] . A maioria dos esforços da comunidade científica centra-se em três tipos de materiais electrolíticos: zircónia estabilizada com ítrio (YSZ[10]), céria dopada com gadolínio (GDC[11] ou CGO) e galato de

---

¹⁰ Zircónia estabilizada com ítrio
¹¹ Céria dopada com gadolínio

lantânio dopado com estrôncio e magnésio (LSGM).

c. CATÓIDE

O cátodo, ou elétrodo de ar, é constituído por uma fina camada porosa sobre o eletrólito onde ocorre a redução do oxigénio. Os materiais do cátodo devem ser, no mínimo, condutores electrónicos. Atualmente, a magnetite de lantânio e estrôncio (LSM[11][11][12]) é o material catódico de eleição para utilização comercial devido à sua compatibilidade com electrólitos de zircónio dopado. No entanto, como a LSM apresenta uma fraca condutividade iónica, limita a zona de reação ativa ao TPB, onde o eletrólito, o ar e o elétrodo se encontram. O LSM funciona bem como cátodo a altas temperaturas, mas o seu desempenho diminui rapidamente quando a temperatura de funcionamento desce abaixo dos 800° C. Para aumentar a zona de reação para além do TPB, um potencial material catódico deve ser capaz de conduzir tanto electrões como iões de oxigénio. As cerâmicas mistas iónicas/electrónicas condutoras (MIEC[13]), como a perovskite $La_{1-x}Sr_xCo_{1-y}Fe_y$, LSCF, são atualmente estudadas para utilização em SOFC de temperatura intermédia, devido à sua maior atividade e capacidade de compensar o aumento da energia de ativação da reação[11] . As características e o estado atual dos diferentes tipos de células de combustível estão resumidos na Tabela 1.1.

Tabela 1.1: Características e estado atual dos diferentes tipos de células de combustível [9].

	PEMFC	PAFC	MCFC	SOFC
Eletrólito	Nafion	H3PO4	Na2CO$_{-3}$	ZrO2-Y2O$_3$
			Li2CO3	
Temperatura de funcionamento (° C)	70-80	200	650-700	900-1000

---

[12] Lantânio Estrôncio Magnetite
[13] Condutor eletrónico iónico misto

Combustível	H2	H2	H2,CO,	H2, CO,
	27		CH4	CH4
Eficiência prevista (%)	30-40	35-42	45-60	45-65

Capítulo 6

O desempenho ideal tem sido considerado como o passo mais importante no funcionamento da célula de combustível. Uma vez determinado o desempenho ideal, as perdas podem ser calculadas e depois deduzidas do desempenho ideal para descrever o funcionamento efetivo[14].

I.F.1: DESEMPENHO IDEAL

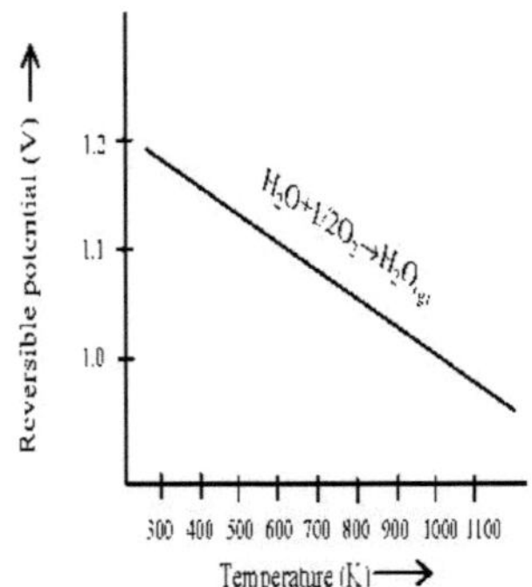

Fig 1.11: Potencial ideal da célula de combustível H2 /02 em função da temperatura

O desempenho ideal de uma célula de combustível depende das reacções electroquímicas que ocorrem com diferentes combustíveis e oxigénio, conforme resumido na Tabela 1.2[28].

As pilhas de combustível de baixa temperatura (PEFC, AFC e PAFC) requerem electrocatalisadores de metais nobres para atingir as taxas de reação desejadas no ânodo e no cátodo, e H2 como combustível aceitável. Os requisitos de catálise foram flexibilizados para as pilhas de combustível de alta temperatura (MCFC, ITSOFC e SOFC). O monóxido de carbono "envenena" um catalisador de ânodo de metal nobre, como a platina (Pt), em pilhas de combustível de baixa temperatura, mas serve como uma fonte potencial de H2 em pilhas de combustível de alta temperatura, em que foi utilizado um catalisador de metal não nobre, como o níquel (Ni). O H_2, o CO e o CH4 são apresentados na Tabela 1.2 como estando sujeitos a oxidação anódica. O desempenho ideal de uma célula de combustível, definido pelo seu potencial de Nernst, representado como tensão da célula. As reacções globais da célula correspondentes às reacções individuais dos eléctrodos enumeradas no quadro 1.2 são apresentadas no quadro 1.3, juntamente com a forma correspondente da equação de Nernst. A equação de Nernst fornece uma relação entre o potencial padrão ideal (E_0) para a reação celular e o potencial de equilíbrio ideal (E) a outras temperaturas e pressões parciais de reagentes e produtos. Uma vez conhecido o potencial ideal em condições padrão, a tensão ideal pode ser determinada a outras temperaturas e pressões utilizando estas equações. De acordo com a equação de Nernst para a reação do hidrogénio, o funcionamento da célula a altas pressões dos reagentes pode aumentar o potencial ideal da célula a uma dada temperatura. Além disso, observaram-se, de facto, melhorias no desempenho das células de combustível a pressões mais elevadas.

A reação de H2 e o2 produz h2o. O combustível que contém carbono envolvido na reação anódica produz também co2. Nas MCFC, o co2 é necessário na reação catódica para manter uma concentração invariável de carbonato no eletrólito. Isto torna-se necessário porque o co2 produzido no ânodo e consumido no cátodo nas MCFC, bem como as concentrações nas correntes de alimentação do ânodo e do cátodo, são necessariamente iguais. A equação de Nernst na Tabela 2.2 inclui a pressão parcial de co2 para ambas as reacções do elétrodo. O potencial padrão ideal de uma célula de combustível H2/O2 (E0) é de 1,22 volts com o produto líquido água e de 1,18 volts com o produto gasoso. Este valor é apresentado em numerosos textos de química como o potencial de oxidação do h2. A força potencial também pode ser expressa como uma variação da energia livre de Gibbs para a reação do hidrogénio e do oxigénio. A Fig.1.11 mostra a relação entre 'Eo' e a temperatura da célula. Uma vez que a figura mostra o potencial de células a temperaturas mais elevadas, o potencial ideal corresponde a uma reação em que o produto água se encontra no estado gasoso. Por conseguinte, *Eo* < 1,22 em condições normais.

Tabela 1.2: Reacções electroquímicas em células de combustível [28]

Célula de combustível	Reação do ânodo	Reação catódica
Membrana de permuta de protões e ácido fosfórico	$H_2 \longrightarrow 2H^{\text{I}} + 2e^-$	$\frac{1}{2} O_2 + 2H^+ + 2e^- \longrightarrow H_2O$
Alcalino	$H_2 + 2(OH)^- \longrightarrow 2H_2O + 2e^-$	$\frac{1}{2}O_2 + H_2O + 2e^- \longrightarrow 2(OH)^-$
Fundido Carbonato	$H_2 + CO_3^= \longrightarrow H_2O + CO_2 + 2e^-$ $CO + CO_3^= \longrightarrow 2CO_2 + 2e^-$	$\frac{1}{2}O_2 + CO_2 + 2e^- \longrightarrow CO_3^=$
Óxido sólido	$H_2 + O^= \longrightarrow H_2O + 2e^-$ $CO + O^= \longrightarrow CO_2 + 2e^-$ $CH_4 + 4O^= \longrightarrow 2H_2O + CO_2 + 8e^-$	$\frac{1}{2} O_2 + 2e^- \longrightarrow O^-$

CO - Monóxido de carbono	e⁻ -Eletrão	h2o - Água
co2 - Dióxido de carbono	H^+ - Ião de hidrogénio	o2 - Oxigénio

$co_3^=$ - Ião carbonato	H2 - Hidrogénio	OH^- - Ião hidroxilo

Tabela: 1.3: Reacções das células de combustível e as correspondentes equações de Nernst

Reacções celulares	Equações de Nernst
$H_2O + \tfrac{1}{2}O_2 \rightarrow H_2O$	$E = E^0 + (RT/2F)\ln[P_{H_2}/P_{H_2O}] + (RT/2F)\ln[P_{O_2}^{1/2}]$
$H_2O + \tfrac{1}{2}O_2 + CO_{2(c)} \rightarrow$ $H_2O + CO_{2(a)}$	$E = E^0 + (RT/2F)\ln[P_{H_2}/P_{H_2O}(P_{CO_2})_{(a)}] + (RT/2F)\ln[P_{O_2}^{1/2}(P_{CO_2})_{(c)}]$
$CO + \tfrac{1}{2}O_2 \rightarrow CO_2$	$E = E^0 + (RT/2F)\ln[P_{CO}/P_{CO_2}] + (RT/2F)\ln[P_{O_2}^{1/2}]$
$CH_4 + 2O_2 \rightarrow$ $2H_2O + CO_2$	$E = E^0 + (RT/8F)\ln[P_{CH_4}/P^2_{H_2O}P_{CO_2}] + (RT/8F)\ln[P^2_{O_2}]$

(a)- Ânodo	P- pressão do gás
(b)- Cátodo	R- constante universal dos gases
E- Potencial de equilíbrio	T- temperatura (absoluta)

I.F.2: DESEMPENHO EFECTIVO

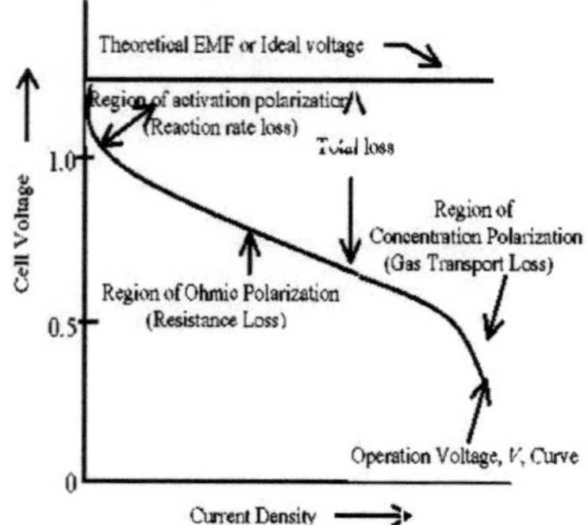

Fig 1.12: Características ideais e reais da tensão/corrente do combustível [10]
São utilizados grandes e complexos modelos informáticos para caraterizar a
funcionamento das pilhas de combustível com base em pormenores minuciosos da conceção dos

componentes da pilha (dimensões físicas, materiais, etc.), bem como em considerações físicas (fenómenos de transporte, eletroquímica, etc.). Estes códigos, muitas vezes proprietários, foram necessários para a conceção e o desenvolvimento das pilhas de combustível, mas seriam pesados e demorados para serem utilizados em modelos de análise de sistemas. O trabalho útil (energia eléctrica) foi obtido a partir de uma pilha de combustível apenas quando é consumida uma corrente razoável, mas o potencial real da célula diminuiu em relação ao seu potencial de equilíbrio devido a perdas irreversíveis, como mostra a Fig. 1.12[29] . Várias fontes contribuem para as perdas irreversíveis numa célula de combustível prática. As perdas, que são frequentemente designadas por polarização, sobrepotencial ou sobretensão (n), provêm principalmente de três fontes: (1) polarização de ativação ($nact$), (2) polarização óhmica ($nohm$) e (3) polarização de concentração ($nconc$). Estas perdas resultam numa tensão celular (V) de uma célula de combustível inferior ao seu potencial ideal, 'E' (V = E - Perdas).

A perda de polarização por ativação domina a baixa densidade de corrente. Neste ponto, as barreiras electrónicas têm de ser ultrapassadas antes da corrente e do fluxo de iões. As perdas por ativação aumentam à medida que a corrente aumenta. A polarização óhmica (perda) varia diretamente com a corrente, aumentando ao longo de toda a gama de corrente porque a resistência da célula permanece essencialmente constante. As perdas de transporte de gás ocorrem em toda a gama de densidade de corrente, mas estas perdas tornam-se proeminentes em correntes limite elevadas, onde se torna difícil fornecer um fluxo suficiente de reagentes para os locais de reação da célula.

1. POLARIZAÇÃO DE ACTIVAÇÃO

A polarização por ativação surge quando a velocidade de uma reação eletroquímica na superfície de um elétrodo é controlada por uma cinética lenta do elétrodo. Por outras palavras, a polarização por ativação tem sido diretamente relacionada com as taxas das reacções electroquímicas. Existe uma grande semelhança entre as reacções electroquímicas e as reacções químicas, na medida em que ambas envolvem uma barreira de ativação que tem de ser ultrapassada pelas espécies que reagem. No caso de uma reação eletroquímica com η_{act} > 50-100 mV, 'η' ato é descrito pela forma geral da equação de Tafel

$$\eta_{act} = \frac{RT}{\alpha nF} \ln \frac{i}{i_0} \qquad (1.11)$$

Em que "a" representa o coeficiente de transferência de electrões da reação no elétrodo em estudo e "io" é a densidade da corrente de permuta.

2. POLARIZAÇÃO ÓHMICA

As perdas óhmicas ocorrem devido à resistência ao fluxo de iões no eletrólito e à resistência ao fluxo de electrões através dos materiais do elétrodo. As perdas óhmicas dominantes, através do eletrólito, podem ser reduzidas diminuindo a separação dos eléctrodos e aumentando a condutividade iónica do eletrólito. Uma vez que tanto o eletrólito como os eléctrodos da pilha de combustível obedecem à lei de Ohm, as perdas óhmicas podem ser expressas pela equação,

$$\eta_{ohm} = iR \tag{1.12}$$

Em que "i" é a corrente que atravessa a célula e "R" é a resistência total da célula, que inclui a resistência eletrónica, iónica e de contacto.

3. POLARIZAÇÃO DA CONCENTRAÇÃO

Sendo o reagente consumido no elétrodo por reação eletroquímica, há uma perda de potencial devido à incapacidade do material circundante de manter a concentração inicial do fluido a granel. Por outras palavras, estabelece-se um gradiente de concentração. Vários processos podem contribuir para a polarização da concentração, por exemplo, a difusão lenta na fase gasosa nos poros do elétrodo, a solução/dissolução de reagentes/produtos para dentro/para fora do eletrólito, ou a difusão de reagentes/produtos através do eletrólito para/desde o local da reação eletroquímica, etc. Nas densidades de corrente práticas, o transporte lento de reagentes/produtos de/para o local da reação eletroquímica tem sido um dos principais contribuintes para a polarização da concentração;

$$\eta_{conc} = \frac{RT}{nF} \ln(1 - \frac{i}{i_l}) \tag{1.13}$$

Onde, 'i_l' é a corrente limite.

O resultado líquido do fluxo de corrente numa célula de combustível é o aumento do potencial anódico e a diminuição do potencial catódico, reduzindo assim a tensão da célula.

Soma da Polarização dos Eléctrodos: A polarização de ativação e concentração pode existir tanto nos eléctrodos positivos (cátodo) como nos negativos (ânodo) das pilhas de combustível. A polarização total nestes eléctrodos é a soma de 'η_{act}' e 'η_{conc}', ou

$$\eta_{anode} = \eta_{act,a} + \eta_{conc,a} \tag{1.14}$$

e

$$\eta_{cathode} = \eta_{act,c} + \eta_{conc,c} \tag{1.15}$$

O efeito da polarização consiste em deslocar o potencial do elétrodo (Elétrodo) para um novo valor ($V_{electrodo}$):

$$V_{anode} = E_{anode} + |\eta_{anode}| \tag{1.16}$$

e para o cátodo,

$$V_{cathode} = E_{cathode} + |\eta_{cathode}| \tag{1.17}$$

A Fig.1.13 ilustra a contribuição para a polarização das duas meias células de um PAFC. O ponto de referência (polarização zero) é o hidrogénio. As formas das curvas de polarização representam o comportamento típico de outros tipos de células de combustível.

Soma da tensão da célula: A tensão da célula inclui a contribuição dos potenciais do ânodo e do cátodo e da polarização óhmica:

$$V_{cell} = V_{cathode} - V_{anode} - iR \qquad (1.18)$$

Quando as equações (1.16) e (1.17) são substituídas na equação (1.18), obtém-se

$$V_{cell} = E_{cathode} - |\eta_{cathode}| - (E_{anode} + |\eta_{anode}|) - iR \qquad (1.19)$$

Ou

$$V_{cell} = \Delta E_e - |\eta_{cathode}| - |\eta_{anode}| - iR \qquad (1.20)$$

em que $\Delta Ee = E_{cathode} - E_{anode}$. A equação (1.20) mostra que o fluxo de corrente numa célula de combustível

resulta numa diminuição da tensão da célula devido a perdas por polarizações do elétrodo e óhmicas. O objetivo dos criadores de células de combustível tem sido, portanto, minimizar a polarização de modo a que V_{cell} se aproxime de ΔEe. Este objetivo pode ser alcançado através de modificações na conceção da célula de combustível (melhoria das estruturas dos eléctrodos, melhores electro catalisadores, eletrólito mais condutor, componentes mais finos da célula, etc.). Para uma dada conceção da célula, é possível melhorar o seu desempenho modificando as condições de funcionamento (por exemplo, maior pressão do gás, maior temperatura, alteração da composição do gás para diminuir a concentração de impurezas do gás). No entanto, para qualquer célula de combustível, existem compromissos entre a obtenção de um melhor desempenho através do funcionamento a uma temperatura ou pressão mais elevadas e os problemas associados à estabilidade/durabilidade dos componentes da célula encontrados nas condições mais severas.

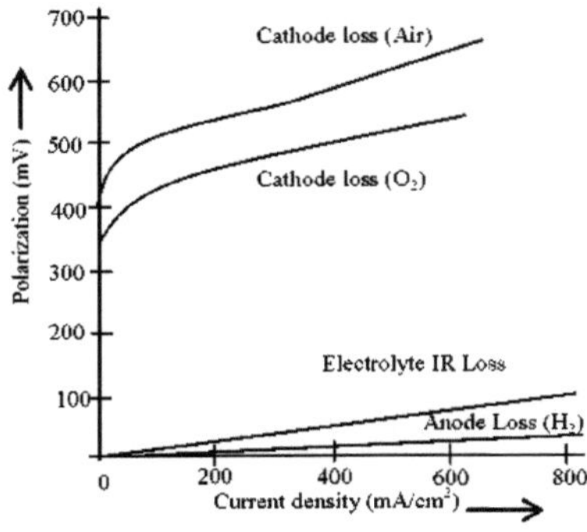

Fig.1.13: Contribuição para a polarização do ânodo e do cátodo[26]

Capítulo 7

I.G: VANTAGENS DAS PILHAS DE COMBUSTÍVEL

I.G.1: ACEITABILIDADE AMBIENTAL

Devido à eficiência da célula de combustível, as emissões de CO_2 são reduzidas para uma determinada potência. A célula de combustível emite apenas 60 decibéis a 100 pés. As emissões de SO_x e NOx são de 0,003 e 0,0004 libras/megawatt-hora, respetivamente. As células de combustível podem ser concebidas como auto-suficientes em água.

I.G.2: EFICIÊNCIA

Dependendo do tipo e da conceção, a eficiência da energia eléctrica direta das células de combustível varia entre 40 e 60 por cento. A célula de combustível funciona com uma eficiência quase constante. O ciclo de Carnot não limita a eficiência das células de combustível, que é independente do tamanho e da carga. Para os sistemas híbridos de células de combustível/turbinas de gás, espera-se que a eficiência da conversão eléctrica atinja mais de 70 por cento. A eficiência energética total dos sistemas de células de combustível aproximar-se-ia dos 85% com a utilização do calor subproduto.

I.G.3: CAPACIDADE DISTRIBUÍDA

A produção distribuída reduz o investimento de capital e melhora a eficiência global da conversão do combustível para a utilização final da eletricidade, reduzindo as perdas na transmissão. Em zonas de elevado crescimento ou remotas, a produção distribuída pode reduzir ou eliminar os problemas de transmissão e distribuição, reduzindo a necessidade de novas capacidades ou de instalação de novas linhas eléctricas. Atualmente, 8 a 10% da energia eléctrica produzida perde-se entre a central de produção e o utilizador final. Além disso, muitas unidades mais pequenas têm sido estatisticamente mais fiáveis do que uma unidade de produção maior, uma vez que a probabilidade de todas as unidades distribuídas falharem ao mesmo tempo é insignificante.

I.G.4: MODULARIDADE

A célula de combustível é inerentemente modular. A central eléctrica a pilhas de combustível pode ser configurada numa vasta gama de potências eléctricas, desde 0,025 nominal até mais de 50 megawatts (MW) para a pilha de combustível a gás natural, e mesmo até mais de 100 MW para a pilha de combustível a gás de carvão.

I.G.5: FLEXIBILIDADE DOS COMBUSTÍVEIS

A fonte primária de combustível para a pilha de combustível, o hidrogénio, pode ser obtida a partir de gás natural, gás de carvão, metanol, gás de aterro e outros combustíveis que contenham hidrocarbonetos. A flexibilidade do combustível significa que a produção de energia pode ser assegurada mesmo em caso de indisponibilidade da fonte primária de combustível.

I.G.6: CAPACIDADE DE CO-GERAÇÃO

O calor de alta qualidade gerado durante a operação pode ser disponibilizado para cogeração, aquecimento e arrefecimento. O calor dos gases de escape das pilhas de combustível tem sido adequado para aplicações de cogeração residenciais, comerciais e industriais. O desafio no desenvolvimento de células de combustível para aplicações práticas tem sido o de melhorar a economia através da utilização de componentes de baixo custo com vida útil e desempenho aceitáveis. Os reagentes hidrogénio e oxigénio puros podem ser substituídos por combustíveis fósseis comuns e ar. Também é necessário desenvolver eléctrodos e electrólitos de baixo custo. A engenharia, os melhoramentos dos materiais e os processos de fabrico estão agora a ser desenvolvidos para produzir células de combustível com uma potência suficientemente elevada, tempos de vida aceitáveis e custos acessíveis. À medida que cada um destes desafios é ultrapassado, pode concretizar-se a promessa de um gerador de energia fabricado em fábrica, escalável para praticamente qualquer dimensão, com um funcionamento altamente automatizado. A concretização destes objectivos pode ajudar a tornar realidade o sonho de uma energia mais limpa [30].

Capítulo 8

1 .H: ESTADO ACTUAL

Atualmente, a maior parte do interesse tem-se centrado em dois tipos de células de combustível (FC). Um deles é a FC de eletrólito de polímero (PEMFC), também designada FC de membrana de permuta de protões (PEMFC ou PEM), devido às suas fortes perspectivas de utilização em aplicações automóveis e em dispositivos electrónicos. A outra é a SOFC sólida destinada especialmente à produção de energia eléctrica estacionária. As PEMFC têm uma temperatura de funcionamento baixa, 80° C, o que implica uma série de vantagens. Existem, no entanto, algumas limitações em comparação com outras FCs. Por exemplo, a baixa temperatura de funcionamento dificulta o arrefecimento, a utilização efectiva do calor residual e limita a escolha dos combustíveis. Do ponto de vista tecnológico, existem as seguintes limitações para as aplicações práticas das PEMFC[31] .

- Em primeiro lugar, a conversão de combustíveis comerciais à base de hidrocarbonetos (gás natural, gasóleo, gasolina, álcool, etc.) em hidrogénio limpo com níveis extremamente baixos de impurezas (ppm) para o funcionamento das PEMFC é um processo químico complexo que, além disso, requer energia.

- Em segundo lugar, a platina, muito cara, tem sido necessária como catalisador para extrair electrões dos átomos de hidrogénio às baixas temperaturas de funcionamento das PEMFC.

A SOFC pode ser uma verdadeira FC multi-combustível. As SOFC utilizam um eletrólito cerâmico, por exemplo, zircónio estabilizado, céria dopada e óxido de bismuto dopado. Este tipo de célula de combustível oferece uma série de vantagens em comparação com outros tipos de FC. Por exemplo, a elevada temperatura de funcionamento permite uma cinética de reação rápida nos eléctrodos, mesmo com catalisadores de metais não nobres de baixo custo, e fornece calor residual de alta qualidade para ser utilizado. Além disso, o processamento interno do combustível permite a utilização de uma vasta gama de combustíveis. Seguem-se as características únicas das SOFC do ponto de vista tecnológico.

- Utilização de metais não estratégicos e não nobres para o fabrico de componentes de células.
- Construção modular para produtos das classes MW, KW e W
- Utilização das infra-estruturas de combustível existentes
- Utilização de processos convencionais de fabrico de cerâmica de baixo custo.
- Capacidade operacional multi-combustível, elevada eficiência de conversão eléctrica e

balanço relativamente simples da instalação (BOP).

Existem algumas desvantagens importantes nas HT[14] - SOFCs convencionais, a maioria das quais se deve à temperatura de funcionamento extrema. Problemas materiais como fissuras, formação de compostos não condutores na interface entre o elétrodo e o eletrólito, incompatibilidade térmica entre os componentes da pilha, necessidade de fugas de materiais de interligação não metálicos dispendiosos, etc. Assim, nenhum dos sistemas SOFC existentes oferece uma solução universal para os problemas de produção de energia e de proteção do ambiente.

Para criar uma nova tecnologia competitiva de FC[15] , é necessária uma estratégia para desenvolver um sistema avançado de FC, combinando as vantagens tecnológicas do atual sistema de FC. A investigação e o desenvolvimento relativos ao eletrólito, ao elétrodo e aos materiais de interconexão desempenham um papel fundamental no desenvolvimento da estratégia para a FC avançada ou, mais especificamente, para a SOFC, uma vez que esta está muito próxima da comercialização.

---

[14] Célula de combustível de óxido sólido de alta temperatura
[15] Célula de combustível

Capítulo 9

1.1: DIRECÇÃO FUTURA

As SOFC têm o potencial de revolucionar a produção de energia eléctrica na próxima década, e os desenvolvimentos até à data parecem promissores. Os domínios que necessitam de soluções inovadoras são os seguintes

(i)   Materiais de interconexão e vedantes melhorados,

(ii) Fabrico competitivo em termos de custos, e

(iii) Estabilidade a longo prazo

A elevada temperatura de funcionamento é uma das principais causas de degradação acelerada devido à sinterização dos eléctrodos e às reacções interfaciais. Do mesmo modo, a escolha de materiais e métodos de fabrico é limitada, o que aumenta o custo das SOFC. A redução da temperatura para 800-850°C conduzirá a uma maior eficiência termodinâmica, a uma menor degradação dos componentes da célula, a uma maior escolha de materiais para os componentes da pilha e a custos mais baixos. Na conceção plana, pode ser utilizada uma interconexão metálica com vantagens acentuadas em relação às interconexões cerâmicas, a vedação é mais fácil, o coletor de gás e o equipamento auxiliar (permutadores de calor) podem ser fabricados com materiais convencionais de alta temperatura.

Além disso, outros componentes da célula, como os eléctrodos e os vedantes, têm de ser modificados para um funcionamento ótimo na gama de temperaturas intermédias[32] .

Capítulo 10

I.J: ENUNCIADO DO PROBLEMA

A SOFC é considerada uma fonte de energia mais procurada num futuro próximo do ponto de vista da elevada densidade energética. Esta tese centra-se em materiais anódicos à base de ceramais para SOFC. A motivação para este trabalho foi a escolha de investigar catalisadores anódicos baseados em óxido de cobre suportado em céria (ou mistura de céria e gadolínia) como o preparado. O principal problema encontrado neste dispositivo é a incompatibilidade térmica dos componentes da célula e a difusão atómica através da interface, resultando na formação de novas fases indesejáveis e isolantes através da interface à temperatura de funcionamento, uma vez que as SOFC existentes funcionam a temperaturas muito elevadas, na gama de 1000 a 1400° C. Assim, é necessário baixar a temperatura de funcionamento das SOFC e reduzir também o seu custo. Assim, a fim de reduzir a temperatura de funcionamento da SOFC e a seleção da escolha certa de materiais de eléctrodos, tem havido um esforço contínuo por parte dos investigadores em todo o mundo para a investigação de novos materiais. Em particular, muito trabalho tem sido dirigido para o desenvolvimento de condutores rápidos de iões de oxigénio operáveis a cerca de 500 a 700° C. Os eléctrodos cerâmicos seriam mais económicos, fáceis de manusear, fáceis de preparar e não tóxicos em comparação com os metais nobres que têm sido utilizados, por exemplo, a Pt e a Pd. Além disso, o trabalho foi orientado para o desenvolvimento de materiais alternativos para o ânodo e o cátodo compatíveis com os electrólitos. O cermet de cobre é o material anódico candidato mais potencial para a SOFC. Assim, o desenvolvimento de IT-SOFCs[16] exige a otimização das composições do ânodo e da microestrutura para atingir potenciais excessivos suficientemente baixos a 500-800° C. Foi demonstrado que a incorporação de céria cataliticamente ativa, pura ou dopada, melhora o desempenho dos ânodos cerâmicos convencionais. Foi também dada atenção aos ânodos à base de Cu, devido à sua menor atividade catalítica na formação de ligações C-C, suprimindo assim a deposição de carbono nos ânodos de ceramais das SOFC alimentadas a hidrocarbonetos[32] . A escolha do CeO2 está relacionada com as suas características peculiares de suporte "ativo", capaz de ativar a ligação metal-oxigénio da fase ativa e/ou de libertar átomos de oxigénio com elevada reatividade. Entre esses suportes activos, o óxido de cério é bem conhecido pela sua capacidade de armazenamento de oxigénio, estritamente relacionada com as suas propriedades estruturais. Além disso, ao suportar um óxido metálico sobre céria, geram-se fortes interacções metal-suporte entre a fase ativa e o suporte e, consequentemente, é de esperar um forte aumento das propriedades redox e da estabilidade térmica do catalisador. Por todas estas razões, este trabalho é uma investigação que foca principalmente a atenção na

---

[16] Célula de combustível de óxido sólido de temperatura intermédia

caraterização eléctrica e estrutural de materiais anódicos para IT-SOFC. O presente trabalho centra-se nos efeitos de componentes de óxidos condutores mistos no desempenho de cermets de cobre e de ânodos de cermet de cobre dopados com gadolínio

através de diferentes técnicas de preparação para obter os materiais anódicos à base de cermet para IT-SOFC. O cermet de cobre é o potencial candidato emergente como material anódico para SOFC. Por conseguinte, foram feitos esforços para aumentar a condutividade eléctrica através da dopagem com cobre. Por conseguinte, durante o presente estudo, o $Cu_xCe_{1-x}O_{y-\delta}$ foi preparado através de várias vias de síntese, nomeadamente o processo ureia-nitrato (UNP[17]), o processo glicina-nitrato (GNP[18]) e o processo citrato-nitrato (CNP[19] [20]), a via mecanoquímica (MR20) e o $Cu_{0.5}(Ce_{0.9}Gd_{0.1})_{0.5}O_{2-\delta}$[21] foi preparado utilizando micro-ondas e UNP e GNP convencionais. Os vários métodos de síntese aplicados para a síntese de $Cu_xCe_{1-x}O_{y-\delta}$ têm as suas próprias vantagens e desvantagens. Para um desenvolvimento sistemático de qualquer material, para qualquer aplicação em dispositivos, são cruciais os detalhes relativos à estrutura, composição, morfologia, densidade de empacotamento, tamanho das partículas e sua distribuição, juntamente com as propriedades eléctricas. Por conseguinte, as amostras em desenvolvimento foram caracterizadas extensivamente utilizando XRD[22] , SEM[23] , EDAX[24] , análise do tamanho das partículas, microdureza, condutividade eléctrica DC BR[25] e AR[26] em 10%H2+90%N2 e espetroscopia de impedância eletroquímica (EIS[27]) na presença de 10%H2+90%N2 de células simétricas.

---

[17] Processo Ureia-Nitrato
[18] Processo Glicina-Nitrato
[19] Processo Citrato-Nitrato
[20] Rota Mecanoquímica
[21] 55Cu-CGO
[22] Difração de raios X
[23] Microscópio eletrónico de varrimento
[24] Análise de raios X por dispersão de energia
[25] Antes da redução
[26] Após redução em 10%H2+90%N2
[27] Espectroscopia de impedância eletroquímica

I.K: REFERÊNCIAS

Caputo T, Departamento de Engenharia Química e Biológica da North Western University (Evanston, IL, EUA); 2005.

Law J, "Fuel cell technology", Universidade Técnica de Nanyang, Singapura; 2004.

Atkinson A, Barnett S, Gorte RJ, Irvine TS, McEvoy AJ, Mogensen MB, Singhal S, e Vohs JM, Nature Materials; 2004; 3(1);17.

Alcock CB, Solid State Ionics; 1992; 3; 53.

Kilner J, Benson S, Lane J, Waller D, Chem. Ind;1997; 907.

Mazanec TJ, Solid State Ionics; 1994; 11; 70.

Adler SB, Chem Rev; 2004; 104; 4791.

Linden D, "Handbook of batteries and fuel cell", http/en.wikipedia.org.

Kordesch K, Simader G, "Fuel cells and their applications' VCH Publishers, New York, NY; 1996.

SCV; Células de combustível de óxido sólido.htm.

www.iit.edu/smart/garrear/fuelcells.htm.

"Fuel Cell Handbook (sétima edição), "EG & G Technical Services Inc. Sob o Contrato No. DE-AM26-99FT 40575 Departamento de Energia dos EUA Morgantown, West Virginia.

Fleig J, Kreuer KD, Maier J, "Handbook of Advanced Ceramics", Materials, Applications, and Processing, Academic Press; 2001; 1.

Irvine JTS, Fagg DP, Labrincha J, Marques FMB, Catalysis Today; 1997; 38; 467.

De Boer B, Gonzales M, Bouwmeester HJM, Verweij H, Solid State Ionics; 2000;127;269.

Li Y, Xie Y, Gong J, Chen Y, Zhang Z, Material Science and Engineering; 2001; B86; 119.

Dongare MK, Dongare AM, Tare VB, Kemnitz E, Solid State Ionics; 2002; 152-153; 455.

Lü Z, Pei L, He TM, Huang X, Liu Z, Ji Y, Zhao X, Su W, Journal of Alloys and Compounds; 2002;334; 299.

Olga A, Marina, Nathan L, Canfield, Jeff W, Stevenson, Solid State Ionics; 2002; 149; 21.

Sauvet AL, Fouletier J, Electrochimica Ata; 2001; 47; 987.

Sauvet AL, Fouletier J, Gaillard F, Primet M, J Catalysis; 2002; 209 (1); 25.

Wang S, Jiang Y, Zhang Y, Li W, Yan J, Lu Z, Solid State Ionics;1999;120;75.

Doshi R, Von L. Richards JD, Carter, Wang X, Krumpelt M, J Electrochemical Society;
1999;146(4);1273.

Huijsmans JPP, Current Opinion in Solid State and Materials Sciences; 2001; 5; 317.

Leo J, Mugerwa, Michael N, "Overview of fuel cell technology", (eds.) Fuel Cell Systems, Nova Iorque, Plenum Press; 65.

Mcclellen J, comunicação privada, ONSI Corporation; 1998.

Rastler D, Herman D, Goldstein R e O'Sullivan J, (Relatório n.º EPRI TR-

106620), Electric Power Research Institute, Palo Alto; 1996; 3.

SCV \ Recolha da História das Células de Combustível de Óxido
Sólido.htm.

SCV \ Célula de combustível de óxido sólido - Wikipedia, a enciclopédia
livre.htm.

Manual de Células de Combustível, (Quinta Edição) por EG &G Services
Parsons, Inc. Science Applications International Corporation.

Badwal SPS, Foger K, Review Ceramics International; 1996; 22; 257.

Tsipis EV, Kharton VV, Frade JR, J European Ceramic Society; 2005; 25;
2623.

Printed by Books on Demand GmbH, Norderstedt / Germany

Introdução à tecnologia das pilhas de combustível

Este capítulo do livro trata da tecnologia das células de combustível. É o tipo de tecnologia que converte energia química em energia eléctrica sem qualquer poluição e com a maior eficiência em comparação com outras fontes de energia. Este capítulo descreve em pormenor os tipos de células de combustível com base no seu tipo de eletrólito. Neste livro, são apresentados pormenores sobre os componentes básicos das células de combustível e a sua história. Os materiais nanoestruturados para eléctrodos e electrólitos são muito procurados por cientistas de todo o mundo, o que ajuda a melhorar as suas propriedades físicas, químicas e eléctricas, constituindo uma fonte alternativa de energia num futuro próximo.

A autora completou o seu doutoramento com 27 anos de idade na Universidade de Nagpur RTM Nagpur e completou os seus estudos de pós-doutoramento na Universidade Nacional da Índia e no estrangeiro. Tem uma boa experiência de ensino e investigação como cientista de materiais. Publicou os seus trabalhos em várias revistas de renome.

NOOR
PUBLISHING

Seemal Zahra Rizvi
Fatima Sajjad

Bridging the Gap between Bioinformatics and AI

Latest Developments and Applications